FORSCHUNGSBERICHT DES LANDES NORDRHEIN-WESTFALEN

Nr. 2606/Fachgruppe Physik/Mathematik

Herausgegeben im Auftrage des Ministerpräsidenten Heinz Kühn
vom Minister für Wissenschaft und Forschung Johannes Rau

Dr. rer. nat. Nasser Sultansei
Dr. rer. nat. Otfried Krafft
Prof. Dr. Detlef Kamke
Institut für Experimentalphysik I
der Ruhr-Universität Bochum

Ionen-Extraktion aus Gasentladungsplasmen
(Dynamische Sonde zur Ionen-Extraktion)

Westdeutscher Verlag 1976

ISBN-13: 978-3-531-02606-0   e-ISBN-13: 978-3-322-88103-8
DOI: 10.1007/978-3-322-88103-8

Ionen-Extraktion aus Gasentladungsplasmen
(Dynamische Sonde zur Ionen-Extraktion)

N. Sultansei, O. Krafft, D. Kamke [1]
Institut für Experimentalphysik der Ruhr-Universität
Bochum

Inhalt

1. Einleitung

Die Ionen-Extraktion aus einem Gasentladungsplasma ist
eine der Hauptmethoden für die Gewinnung von Ionenbündeln für
die verschiedensten Zwecke der Atom- und Kernphysik [2] und
ihrer Anwendungen in der Technik, z.B. der Ionenimplantation
und Herstellung dotierter Halbleitermaterialien. Insbesondere
für solche Anwendungen werden positive Ionen in direkter Extraktion benutzt und in Nachbeschleunigungsanlagen mit der ge-
wünschten Energie versehen. Alle Ionenquellen mit Extraktions-
systemen, die Sonden darstellen, liefern einen nach der Langmuirschen Theorie raumladungsbegrenzten Strom. Seine Größe ist
primär durch Gasentladungsdaten (Trägerdichte und mittlere
Trägergeschwindigkeit), und sekundär durch die Extraktionsspannung und die dadurch und durch die Raumladung sich bilden-
de Plasmagrenzfläche (den sog. Meniskus) bestimmt. Der Ionen-
strom ist damit begrenzt durch das Produkt $j_+ A = \frac{1}{4} e \, n_+ v_+ A$, wobei j_+ die Diffusionsstromdichte, e die Elementarladung, n_+
die Trägerdichte, v_+ die mittlere Geschwindigkeit und A die
Meniskus-Fläche an der Plasmagrenze ist. Wie man durch eine
einfache Rechnung zeigen kann, ist das Gebiet vor der Sonde
von Ionen geleert; die restliche Ionendichte hängt von der

Ionengeschwindigkeit bei der Bewegung der Ionen zur Sonde hin
ab.

In einer Arbeit von <u>Kamke</u> und <u>Rose</u> [3] war die Frage unter-
sucht worden, ob man durch kurzzeitige Erhöhung der Sondenspannung das gesamte Ionenpaket, das vor der Sonde lagert als
Ionenpuls extrahieren kann und damit evtl. eine wesentlich
größere Ionenausbeute, wenigstens im Puls erhält. Dies insbesondere deshalb, weil auch die bei der Verschiebung der Plasmagrenze anfallenden Ionen zur Sonde abgeführt würden. Die sei-
nerzeitigen experimentellen Untersuchungen schienen diese Ver-
mutung zu bestätigen, jedoch zeigte sich in der Folgezeit [4],
daß die Berücksichtigung des Verschiebungsstromes besondere
Probleme mit sich bringt. Mit der vorliegenden Untersuchung
wurde das Problem erneut aufgegriffen, um die Verhältnisse bei
der pulsartigen Extraktion einer Klärung näherzubringen und
insbesondere den reinen Ionenstrom zu messen.

2. Experimentelle Einrichtung

Als Modell für eine Ionenquelle wird eine Niedervoltbogen-
entladung in Neon verwendet, die bei ca. 1 - 5 Torr und Entla-
dungsströmen bis zu 5 A brennt. Das Entladungsgefäß aus Pyrex-
glas hat 50 cm Länge, und der Mittelteil, in den das Extraktionssystem eingebaut ist, ca. 20 cm Länge und 5 cm Durchmes-
ser. Es wurden Glühkathoden verwendet, die anfangs Brenner aus
Leuchtstoffröhren waren, später selbst hergestellt wurden. Die
Anode war ein einfacher Zylinder aus Nickelblech.

Die Sonde bestand zunächst aus einem ebenen kreisrunden
Ni-Blech mit einer Durchführung durch die Glaswandung (Durch-
messer der Sonde etwa 10 mm). Später wurde die Sonde durch
einen zylindrischen Körper ersetzt, in dessen der Entladung
zugewandter Fläche sich eine Bohrung von 0,3 mm Ø befand.
Außerdem mußte ein kleines Nachbeschleunigungssystem zusammen
mit einem offenen Sekundärelektronenvervielfacher verwendet
werden. Eine Schnittzeichnung des Systems enthält die <u>Figur 1</u>.
Die Vakuumanlage wurde dazu so umgestaltet, daß neben den Eva-
kuierungs- und Füllprozeduren es auch möglich war, hinter der

Sonde das ausströmende Gas abzupumpen. Das ist nowendig, um
den Multiplier vor Verunreinigungen zu schützen und eine evtl.
Glimmentladung zu verhindern.

Das ionenoptische System, das die Ionen von der Extrak-
tionsöffnung möglichst verlustfrei bis zur ersten Dynode des
Multipliers zu führen hatte, wurde mehrfach umgestaltet.
Schließlich bestand es aus zwei feinfädigen Ni-Drahtnetzen,
die sich in 7 und 17 mm Abstand hinter der Sonde befanden. Der
Abstand der ersten Dynode des Multipliers zur Sonde war ca.
57 mm und konnte aus räumlichen Gründen nicht weiter verklei-
nert werden. Durch Messung des Multiplier-Stromes als Funktion
der Spannungen an den Drahtnetzen wurde gefunden, daß die ty-
pischen Spannungen für verlustfreien Ionentransport die Werte
haben mußten -500 V, -1500 V und -4 kV (Multiplier). Damit haben die Ionen beim Auftreffen auf die erste Dynode stets etwa
die gleiche Energie von etwa 4 keV.

Der Betrieb der Extraktionssonde mit Rechteck-Impulsen
erforderte einen entsprechenden Generator mit genügender Spannung und Leistung. Es wurde ein kommerzieller Generator
Hewlett-Packard Mod. 214A verwendet, für den die Daten vorla-
gen: Impulsamplitude 0···100 V positiv oder negativ an 50 Ohm,
Anstiegs- bzw. Abfallzeit $\leqslant$15 ns, Impulslänge einstellbar
50 ns - 10 ms, Wiederholfrequenz 10 Hz - 5 MHz.

3. Statische Messung des reinen Ionenstromes mit einem Auffän-
ger bzw. Multiplier

Die Funktionsfähigkeit des Extraktionssystems wurde zu-
erst mit einem großflächigen Auffänger (10 mm $\emptyset$) in 35 mm Ent-
fernung von der durchbohrten Extraktionssonde geprüft. Die Fi-
gur 2 enthält entsprechende Meßergebnisse: I_S Sondenstrom, I_A
Auffängerstrom, U_{SK} Spannung zwischen Sonde und Kathode. Beide
Stromverläufe haben qualitativ den gleichen Verlauf, so daß
das Extraktionssystem für die weiteren Untersuchungen geeignet
erschien. Man sieht, daß mit positiver werdender Spannung U_{SK}
der Ioneneinstrom wie zu erwarten verschwindet (bei etwa
+35 V), denn die Ionen können nicht mehr gegen das Sondenfeld

anlaufen.

Der Austausch des ebenen Auffängers ergab gewisse Schwie-
rigkeiten, weil der Multiplier eine Eintrittsöffnung von
$6 \times 10 \, \text{mm}^2$ besitzt und aus räumlichen Gründen nicht direkt hinter
dem 2. Gitter eingebaut werden konnte (Abstand der ersten Dyno-
de von der Sonde 57 mm). Das hatte auch zur Folge, daß die
Spannungen des Ionentransportsystems neu eingestellt werden
mußten. Die <u>Figur 1</u> enthält den endgültigen Aufbau, die <u>Figur 3</u>
das Schaltschema. Die <u>Figur 4</u> zeigt das Ergebnis einer Messung
des Ionenstromes zur Extraktionssonde I_S bzw. des Stromes am
Ausgang des Multipliers I_M in Abhängigkeit wieder von der
Spannung U_{SK}. Man sieht, daß der Multiplier-Strom sich ganz
ähnlich verhält wie der Sondenstrom. Zwischen Floating-Poten-
tial und Plasmapotential zeigt der Multiplierstrom ein Maximum.
Es wird dadurch erklärt, daß eine Kombination aus zerstreuen-
den Stößen der Ionen mit den Gasatomen und eine fokussierende
Wirkung der Extraktionsanordnung zusammentreffen. Bei $U_{SK} \approx 45 \, \text{V}$
verschwindet der Multiplierstrom, eine positive Raumladungs-
schicht bildet sich nicht mehr aus.

4. Messung des dynamischen Ionenstromes

Die Messung des dynamischen Ionenstromes erfolgt mit zwei
verschiedenen Meßmethoden:

<u>4.1</u> Der Ionenstrom an der Sonde wurde direkt mit Hilfe einer
Stromzange Type P 6021 (Tektronix) bei Anlegen eines Rechteckimpulses gemessen.

<u>Figur 5a - b</u> zeigt den zeitlichen Verlauf des Sondenstro-
mes in zwei verschiedenen Maßstäben. Die Meßergebnisse zeigen
einen innerhalb von 10 ns auftretenden Strompik, den man dem
Verschiebungsstrom und einem Leitungssystem zuordnen muß.

<u>4.2</u> Bei der zweiten Meßmethode (s. <u>Figur 6</u>) wird der zeitliche
Verlauf des Ionenstromes am Ausgang des Multipliers regi-
striert, indem an die Extraktionssonde ebenfalls ein Rechteckimpuls angelegt und die Ionen aus dem Plasma extrahiert werden.

Dabei ist der dynamische Ionenstrom durch eine Stromspitze charakterisiert, die zu Beginn des Spannungssprunges innerhalb von 0,4 ms ansteigt und anschließend nach ca. 60 ms exponentiell auf 1/e des Anfangswertes abfällt.

Auf den ersten Blick fällt auf, daß die Zeit, die bis zur Einstellung des stationären Gleichgewichtszustandes vergeht, viel größere Werte hat als erwartet. Sie liegt in der Größenordnung von ~1 s.

Fig. 7a - d zeigt die Abhängigkeit des Stromimpulses von der Länge des Rechteckimpulses an der Extraktionssonde. Auffallend ist, daß bei Vergrößerung der Länge des Spannungsimpulses der Multiplierstrom langsam (Anstiegszeit ~1 ms) auf etwa den doppelten Betrag des statischen Wertes ansteigt und erst nach ca. 100 ms in den stationären Zustand übergeht.

Fig. 8a - d zeigt den zeitlichen Verlauf des Multiplierstromes in Abhängigkeit von der Amplitude des Rechteckimpulses ΔU_s an der Extraktionssonde. Die Meßergebnisse zeigen, daß mit wachsender Extraktionsspannung ΔU_s ein zunehmender dynamischer Ionenstrom am Multiplier gemessen wird, der zusätzlich zu dem statischen Strom fließt.

Fig. 9a - c zeigt die Abhängigkeit des Multiplierstromes vom Druck. Dabei nimmt der Multiplierstrom wie erwartet mit steigendem Druck ab. Auffallend ist, daß der Druck großen Einfluß auf die Höhe der Stromspitze aufweist. So ist z.B. bei $p = 4$ Torr der dynamische Strom auf einen fast konstanten Wert abgefallen, der allerdings noch über den statischen Wert liegt.

Fig. 10a - c zeigt schließlich Messungen bei verschiedenen Werten des Entladungsstromes. Dabei sinkt der Multiplierstrom mit abnehmendem Bogenstrom bei konstantem Druck. Die Stromspitze ist vom Bogenstrom stark abhängig und verschwindet bei $I_B < 2A$. Fig. 11a - d zeigt den zeitlichen Verlauf des Multiplierstromes beim Rückgang des Sondenstrompulses bei verschiedenen Impulsamplituden. Beim Rückschalten des Extraktionsspannungsimpulses erhält man zunächst den Strom Null. Erst

nach einer endlichen Zeit beginnt der Ionenstrom je nach Größe
der Sondenspannungsamplitude ΔU_s wieder anzusteigen.

5. Auswertung

Nach der Langmuirschen Theorie ist es möglich, aus dem
Verlauf der Sondenkennlinie sowohl das Plasmapotential V_p als
auch die Elektronentemperatur T_- und die Trägerdichte $N_+ \approx N_-$
des Plasmas zu bestimmen.

5.1 Die Elektronentemperatur

Aus dem Anstieg des Elektronen-Anlaufstromes $I_{-,an}$ kann
die Elektronentemperatur ermittelt werden. Es gilt für den re-
sultierenden Sondenstrom

$$(1) \qquad I_s = e\, N_+\, v_+\, A - e\, N_-\, v_-\, A\, e^{-\frac{e|U_{sp}|}{kT_-}} \quad,$$

wobei U_{sp} die Spannung zwischen Plasma und Sonde, k die Boltz-
mannkonstante bedeutet. Aus der Gleichung (1) erhält man für
die Elektronentemperatur

$$(2) \qquad \frac{T_-}{K} = 5040\, \frac{d(U_{sp}/V)}{d(\log I_{-,an}/A)} \quad.$$

5.2 Die Trägerdichte

Mit nun bekanntem T_- kann man aus dem Elektronenstätti-
gungsbereich der Sondenkennlinie die Trägerdichte bestimmen.
Es gilt

$$(3) \qquad \frac{N_-}{m^3} = \frac{I_{-,sätt}}{A\, e}\, v_- = 4{,}03 \cdot 10^{15}\, \frac{I_{-,sätt}}{A\sqrt{T_-}} \quad,$$

wobei der Elektronensättigungsstrom $I_{-,sätt}$ in A, T_- in K und
A die Sondenfläche in m^2 einzusetzen ist.

Langmuir und Tonks (6) haben schon festgestellt, daß das
Verhältnis des Ionen- zum Elektronensättigungsstromes viel
größere Werte für die Ionentemperatur ($T_+ \approx 1/2\, T_-$) ergibt,

als der Gastemperatur entspricht.

Wie <u>Bohm</u> (7) und <u>Boyd</u> (8) gezeigt haben, kann die einfachste Randbedingung (verschwindende Feldstärke am Rande des Plasmas) nicht aufrechterhalten werden, wenn man oszillatorische Lösungen, die unphysikalisch sind, vermeiden will. Es existiert vielmehr eine Übergangsschicht zwischen Plasma und Unipolarschicht mit einem Tauchfeld (penetrating field), in welchem eine Erhöhung der mittleren Ionengeschwindigkeit erfolgt. Das bedeutet, daß die Ionen die Schichtgrenze im Gegensatz zur ursprünglichen Theorie mit einer gerichteten Geschwindigkeit (<u>Bohm</u>sche Geschwindigkeit v_B) passieren müssen. Es gilt

$$(4) \qquad v_+ \geqslant \sqrt{\frac{kT_-}{m_+}} \qquad \text{(Bohmsches Kriterium)} .$$

6. Theorie zur Impulssonde

Es gibt bis heute keine vollständige Theorie, die die physikalischen Vorgänge vor einer Impulssonde beschreibt.

Im Jahre 1969 haben <u>Sander</u> et al. (5) erstmalig eine quasistatische Theorie zum dynamischen Verhalten einer positiven Ionenschicht entwickelt. Bei einer Potentialänderung $V_s(t)$ an der Sonde fließt durch die Sonde im Außenkreis ein Strom, der aus dem Leitungsstrom und einem Verschiebungsstrom besteht. Für die Leitungsstromdichte, die durch die Ankunft der Ionen mit der Geschwindigkeit $v_{+,s}$ an der Sonde entsteht, gilt:

$$(5) \qquad I_1 = -N_{+,s}(t)\, e\, v_{+,s}(t) \qquad \text{mit} \quad v_{+,s}(t) < v_B .$$

Der Verschiebungsstrom entsteht dadurch, daß sich die Ladung innerhalb der Raumladungsschicht zeitlich ändert. Die Änderung der Raumladung in der Unipolarschicht wird durch die Differenz aus dem Ionenstrom, der über die Plasmagrenze in die Schicht hineinfließt und dem Leitungsstrom, der zur Sonde abfließt, bestimmt.

Die totale Stromdichte setzt sich aus der Leitungsstromdichte und Verschiebungsstromdichte zusammen. Es gilt:

$$(6) \quad I_t = N_+(t)\, e\, \left(\frac{dx}{dt} - v_+(t)\right) ,$$

wobei $\frac{dx}{dt}$ die Geschwindigkeit der Raumladungsschichtgrenze und $v_+(t)$ die Ionengeschwindigkeit an der Plasmagrenze bedeutet.

6.1 Bestimmung der Unipolarschichtdicke

Will man die Ladungsträgerdichte aus dem zeitlichen Verlauf des Sondenstromes bei Anlegen eines Rechteckimpulses ermitteln, so sind Kenntnisse über die Dicke der positiven Raumladungsschicht erforderlich.

Der Zusammenhang zwischen dem zeitlichen Integral des Sondenstromes (Abbauladung Q_{ab}) und der Änderung der Schichtdicke Δd_+ der Ionen lautet:

$$(7) \quad Q_{ab} = e\, N_+\, A\, \Delta d_+ .$$

Zur Bestimmung der Raumladungsschichtdicke d_+ gehen wir von der Poissongleichung aus

$$(8) \quad \frac{d^2 V}{dx^2} = - \frac{e}{\varepsilon_o}\, N_{+,x} = \frac{I_{+,\text{sätt}}}{\varepsilon_o \mu_+ \sqrt{E}} ,$$

wobei μ_+ die reduzierte Beweglichkeit und E die Feldstärke in der Raumladungsschicht bedeutet.

Durch zweimalige Integration und Verwendung der Randbedingungen $V(x = 0) = -V_s$, $V(x = d_+) = V_M$ und $V(x > d_+) \approx 0$ erhält man nach <u>Kamke</u> und <u>Rose</u> (3) bei hohen Feldern in einer stoßbestimmten Schicht für die Unipolarschichtdicke

$$(9) \quad \frac{d_+}{m} \approx 1{,}15\, \left(\frac{\varepsilon_o / \frac{As}{Vm}\ \mu_+ / \frac{m^2}{Vs}}{I_{+,\text{sätt}} / \frac{A}{m^2}}\right)^{2/5} \left|\frac{U_{sp}}{V}\right|^{3/5} .$$

Aus der Gleichung (7) und (9) kann die Trägerdichte im Plasma

aus der Messung von Q_{ab} und Berechnung der Unipolarschichtdicke bestimmt werden.

7. Diskussion

In der vorliegenden Arbeit wird über Untersuchungen mit
einer Impulssonde an einem Niederdruck-Bogenplasma ($I_B = 1 - 5A$,
$p = 1 - 5$ Torr) berichtet. Dabei wurden sowohl direkte Messungen
des Sondenstromes als auch Messungen des Ionenstromes durch
Extraktion der Ionen aus dem Plasma bei Anlegen eines negativen Rechteckimpulses an die Sonde vorgenommen.

Die Messungen des direkten Sondenstromes, über die in Ziffer 4.1 berichtet wurde, zeigen für die dort verwendeten Span-
nungsimpulse einen innerhalb von ca. 10 ns auftretenden Strompik, den man im wesentlichen dem Verschiebungsstrom zuordnen
muß.

Bei dieser Meßmethode ist eine Trennung der beiden Strom-
anteile nicht möglich.

Die Messungen, über die in Ziffer 4.2 berichtet wurde und
die mit durchbohrter Sonde, Nachbeschleunigungssystem und Multiplier ausgeführt wurden, haben den Kurzzeit-Pik nicht mehr.
Erwartungsgemäß ist also die Abtrennung des Verschiebungsstromes vom Leitungsstrom gelungen, was ein wesentliches Ziel dieser Arbeit war.

Es konnte gezeigt werden, daß bei Anlegen einer negativen
Rechteckspannung an die Sonde im Ionensättigungsbereich ein
dynamischer Ionenstrom fließt, der den raumladungsbegrenzten
statischen Ionenstrom übersteigt.

Überraschend sind aber die neuen Ergebnisse, die in den
Figuren 7a-d enthalten sind. Sie zeigen, daß die gepulste Sonde eine unerwartete Langzeitwirkung hat (Größenordnung
~100 ms).

Die Messungen deuten darauf hin, daß die Verschiebung der
Plasmagrenze nicht spontan auf eine Spannungsänderung an der

Sonde erfolgt. Erst nach relativ langer Zeit ist der Umbau der
Zone vor der Sonde beendet, und es liegt dann wieder eine
Langmuir-Schicht vor. Das gilt auch für die nach Rückschaltung
der Pulsspannung gemessenen Ionenströme.

Wertet man den dynamischen Ionenstrom als Ionenladung
aus, dann kommt man auf eine Ionendichte von ca. $10^{22}\ m^{-3}$, wel-
che nicht in Einklang zu bringen ist mit der Ionendichte im
Plasma von nur $10^{17}\ m^{-3}$.

Die Größe des dynamischen Ionenstromes kann nicht allein
aus der Verschiebung der Plasmagrenze verstanden werden. Auch
die Berücksichtigung von Ionisationen im Raum vor der Sonde
reicht zur Klärung der Diskrepanz der Ionendichte aus der Sondenkennlinie und aus dem dynamischen Ionenstrom nicht aus.

Aus den vorstehend geschilderten Ergebnissen und Überle-
gungen muß der Schluß gezogen werden, daß infolge der Änderung
der Sondenspannung eine erhebliche Störung des Schichtaufbaus
hervorgerufen wird. Eine Anwendung des Bohmschen Kriteriums
ist dann nicht mehr möglich. Die Folge ist ein Zusammenbrechen
der Plasmagrenze und ein Vordringen des Plasmas bis zur Sonde.
Dies führt zu einer Erhöhung des Ionenstromes. Das Modell, das
noch zu einer Theorie ausgebaut werden müßte, bedarf allerdings der Stützung durch weitere experimentelle Untersuchungen.

8. Anmerkungen und Literatur

1) Dr. N. Sultansei, Prof. Dr. D. Kamke, Institut für Experimentalphysik I, Dr. O. Krafft, Institut für Experimentalphysik

2) T.S. Green, Intense Ion Beams, Rep.Progr.Phys. 37(1974)1257

3) D. Kamke, H.J. Rose, Z.Phys. 145(1956)83

4) T. Okuda, R.W. Carlson, H.J. Oskam, Physica 30(1964)182,375

5) F.K. Sander, J.Plasma Phys. 3(1969)353, 5(1971)211
   Brit.J.Appl.Phys. 2(1969)54

6) K. Langmuir, L. Tonks, Gen.Rev. $\underline{26}$(1923)731, $\underline{27}$(1924)449

7) D. Bohm, E.H.S. Burhop, H.S.W. Massey, "The Characteristics of Electrical Discharges in Magnetic Fields", ed. by A Guthrie and R.K. Wakerling (1949)

8) R.F.L. Boyd, Proc.Roy.Soc. A $\underline{201}$(1950)329

9. Figuren

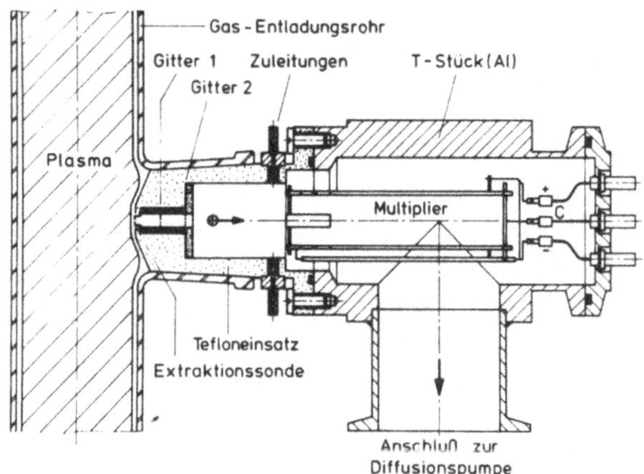

Fig. 1: Meßapparatur zur Ionenextraktion

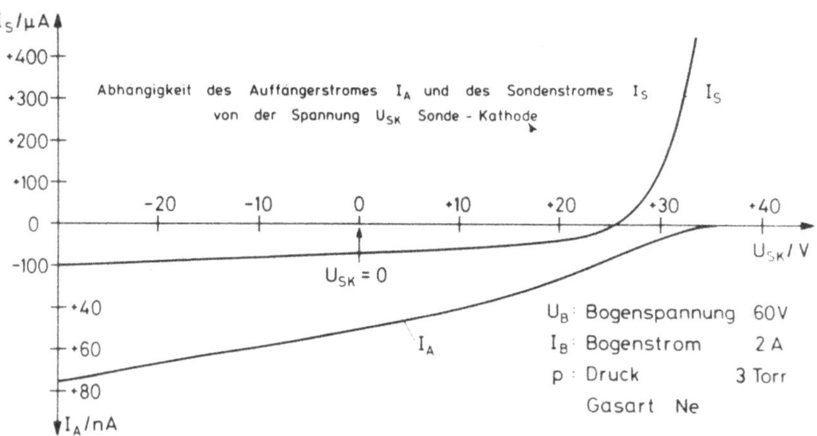

**Fig. 2: Statistische Messung der Kennlinien
der Sonde und des Auffängers**

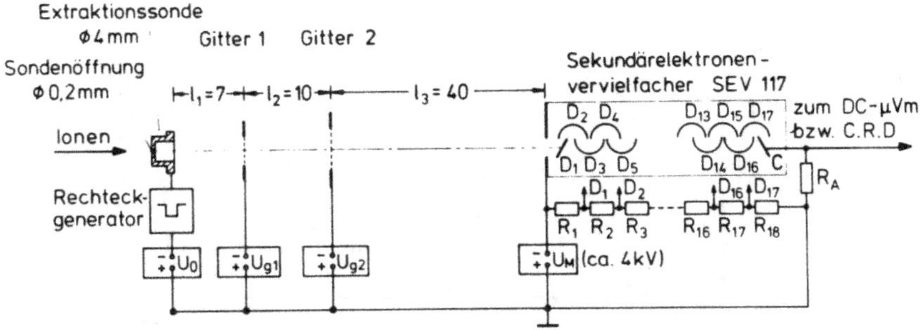

Fig. 3: Prinzipschaltbild für die Messung des extrahierten Ionenstromes mit einem Multiplier

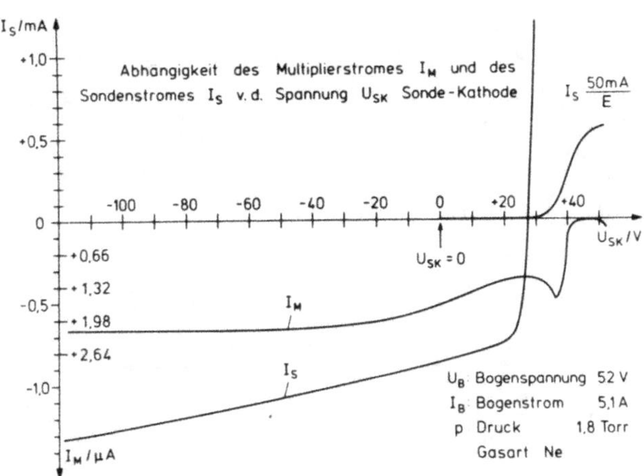

Fig. 4: Statische Messung der Kennlinien der Sonde und des Multipliers

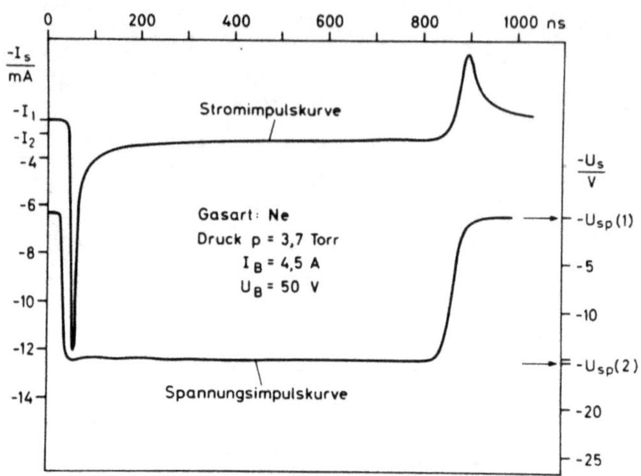

Fig. 5a: Langzeitverhalten des Sondenstromimpulses
bei gepulster Sondenspannung (Nachzeichnung des Originalfotos)

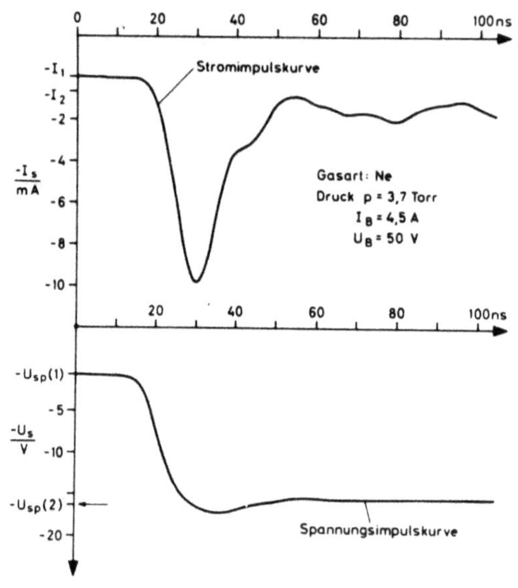

Fig. 5b: Kurzzeitverhalten des Sondenstromimpulses
bei gepulster Sondenspannung (Nachzeichnung des Originalfotos)

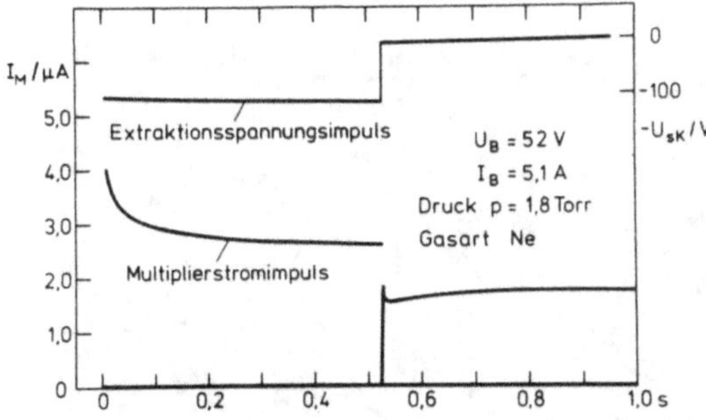

Fig. 6:

Multiplierstrom I_M in Abhängigkeit von der Zeit bei gepulster Extraktion (Nachzeichnung des Originalfotos)

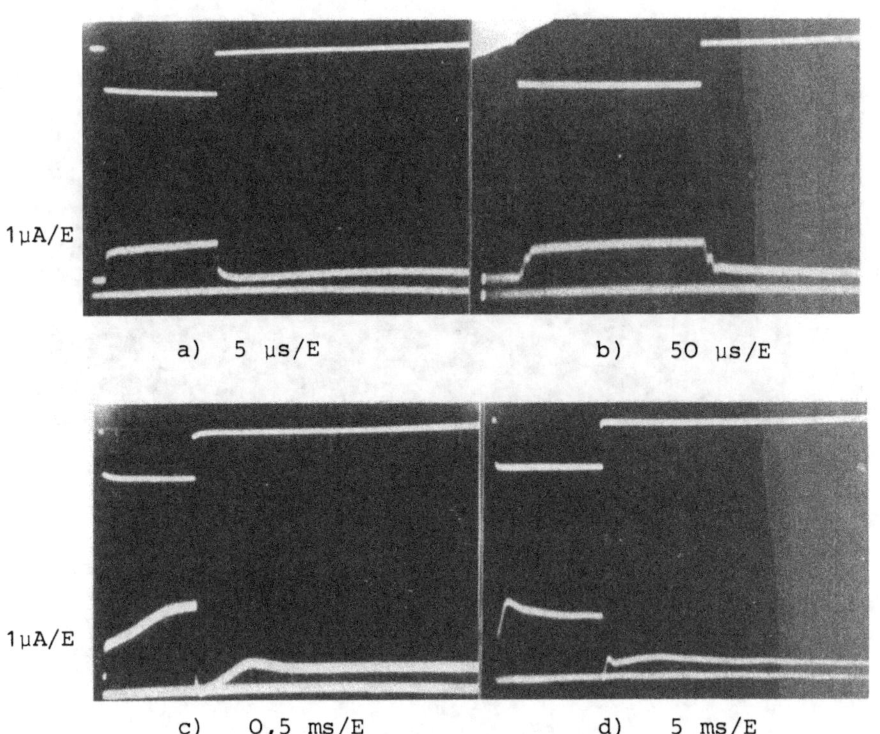

Fig. 7a-d: Abhängigkeit des Multiplierstromes von der Zeit bei verschiedenen Impuls<u>längen</u>

Die Oszillogramme zeigen den Multiplierstrom mit der Nullinie (unten) und den Rechteckimpuls an der Extraktionssonde (oben)

Entladungsbedingungen: Neon   ;   p = 1,2 Torr

$I_B = 5\ A$; $U_B = 40\ V$

1µA/E

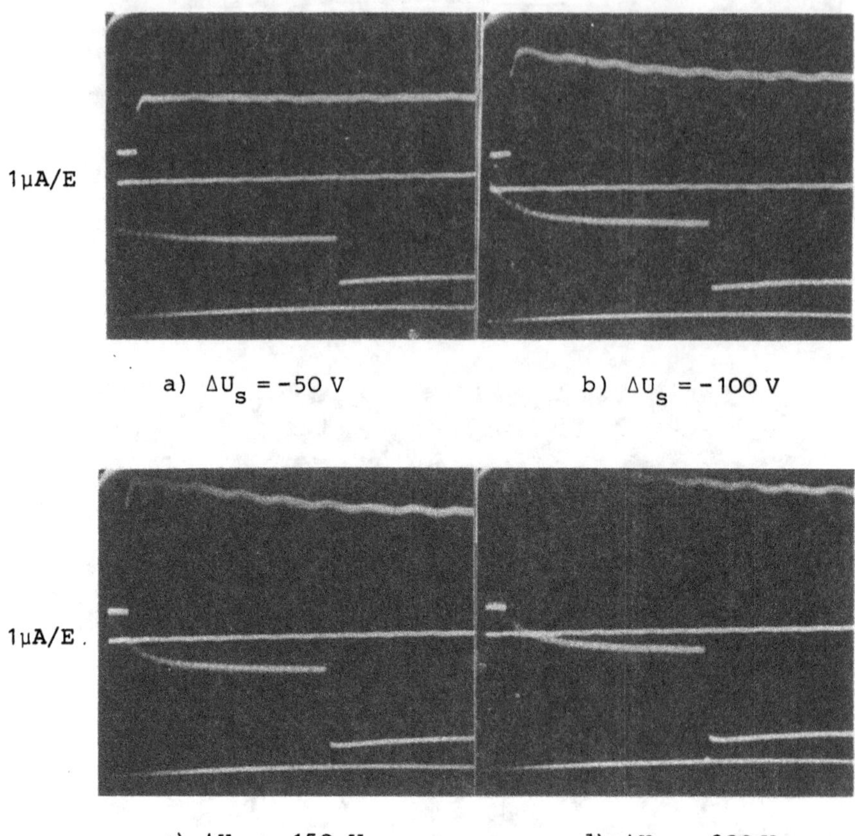

a) $\Delta U_S = -50$ V   b) $\Delta U_S = -100$ V

1µA/E .

c) $\Delta U_S = -150$ V   d) $\Delta U_S = -200$ V

Fig. 8a-d: Abhängigkeit des Multiplierstromes von der Zeit
bei verschiedenen Impulsamplituden

Die Oszillogramme zeigen den Multiplierstrom mit
der Nullinie in zwei verschiedenen Zeitmaßstäben:

Oben : 10 ms/E

Unten: 0,1 s/E

Entladungsbedingung: Neon   ; $I_B = 5$ A

p = 1,2 Torr; $U_B = 42$ V

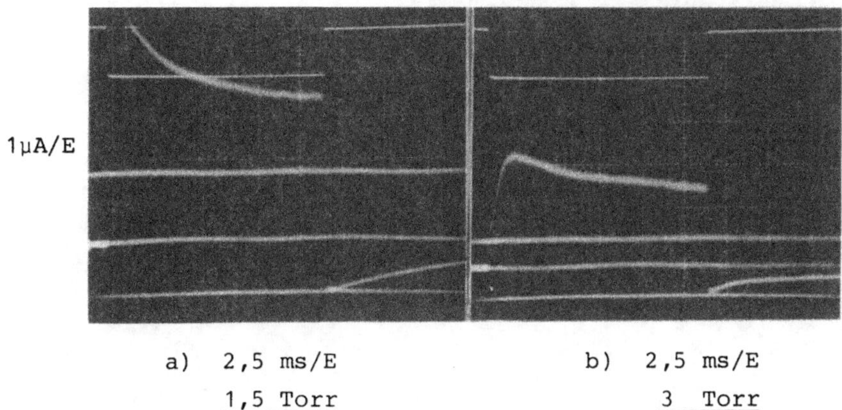

a)   2,5 ms/E   b)   2,5 ms/E

<u>1,5 Torr</u>   <u>3 Torr</u>

1µA/E

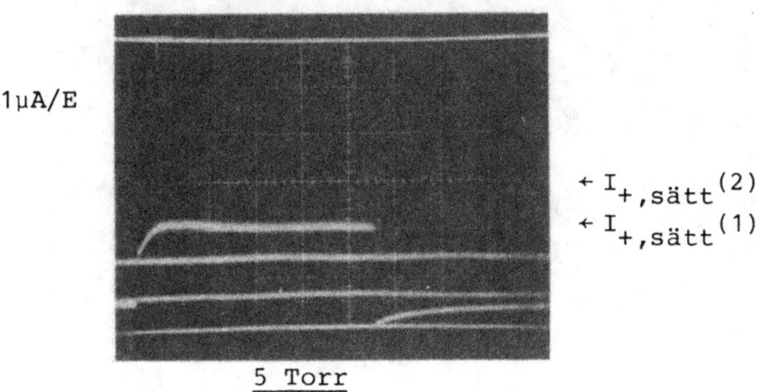

<u>5 Torr</u>

Fig. 9a-c: Abhängigkeit des Multiplierstromes von der Zeit bei verschiedenen <u>Drucken</u>

Die Oszillogramme zeigen im unteren Teil den Multiplierstrom bei Anlegen eines Rechteckimpulses von $\Delta U_S = -100$ V an die Sonde, sowie die Nullinie und den Ionensättigungsstrom $I_{+,\text{sätt}}$ im Zustand (1) bzw. (2). Im oberen Teil der Oszillogramme ist der an die Sonde angelegte Rechteckimpuls dargestellt

Entladungsbedingung: Neon

$$I_B = 5 \text{ A}$$
$$U_B = (37 - 40) \text{ V}$$

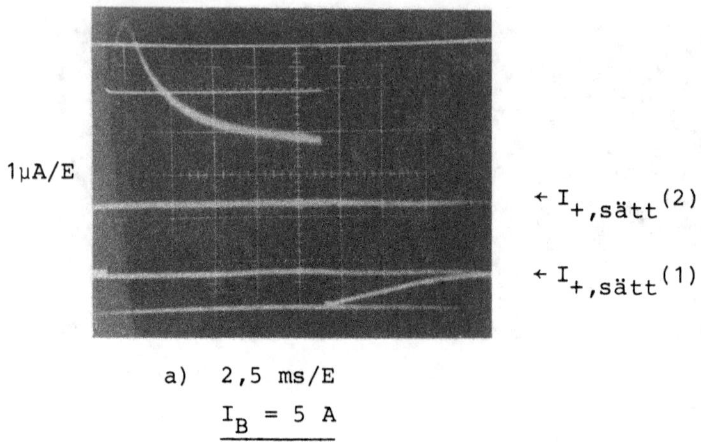

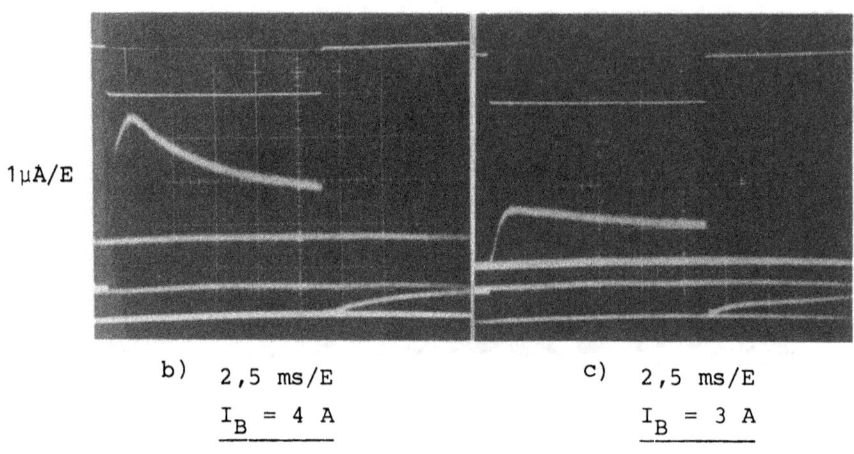

Fig. 10a-c: Zeitlicher Verlauf des Multiplierstromes in Abhängigkeit vom Entladungsstrom

Die Oszillogramme zeigen im unteren Teil den Multiplierstrom bei Anlegen eines Rechteckimpulses von $\Delta U_S = -100$ V an die Sonde, sowie die Nulllinie und den Ionensättigungsstrom $I_{+,\text{sätt}}$ im Zustand (1) bzw. (2). Im oberen Teil der Oszillogramme ist der an die Sonde angelegte Rechteckimpuls dargestellt

Neon   p = 2,2 Torr; U_B = 36 V

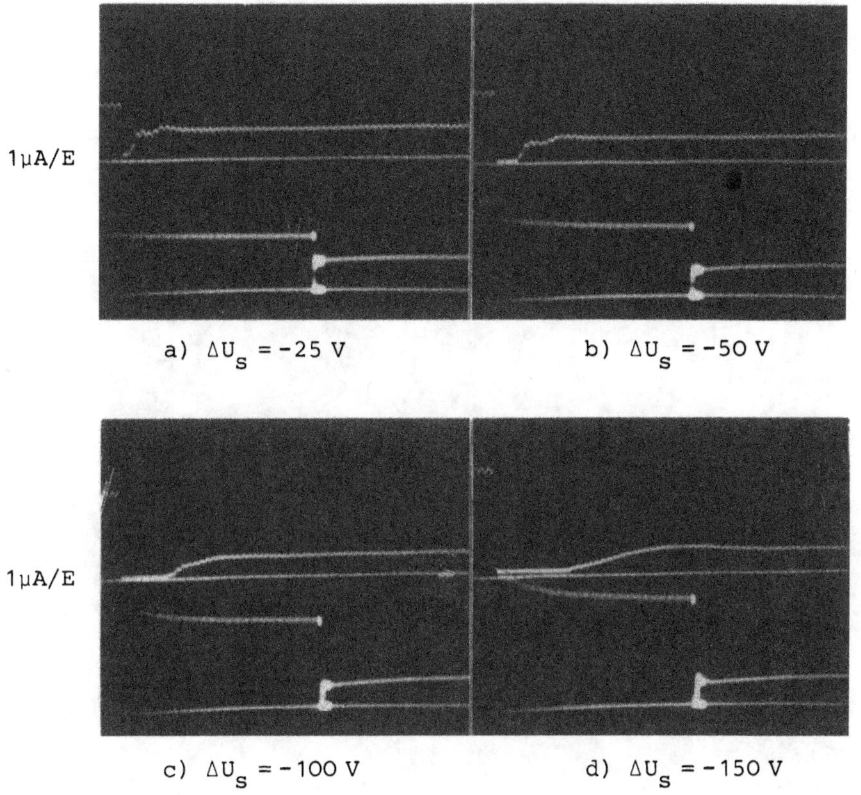

a) $\Delta U_s = -25$ V   b) $\Delta U_s = -50$ V

c) $\Delta U_s = -100$ V   d) $\Delta U_s = -150$ V

Fig. 11a-d: Die Oszillogramme zeigen unten die Nullinie und
den zeitlichen Verlauf des Multiplierstromes bei
Anlegen eines negativen Rechteckspannungsimpul-
ses an die Sonde in einem Zeitmaßstab von
0,1 s/E. Im oberen Teil der Oszillogramme ist
der hellgetastete Teil des Impulses nochmals in
einem Zeitmaßstab von 2 ms/E dargestellt; d.h.
der Impuls im oberen Teil der Oszillogramme
stellt den Stromverlauf für $U_{sp}(2) \rightarrow U_{sp}(1)$ dar

Enladungsbedingung: Neon

$$p = 1,2 \text{ Torr}$$
$$I_B = 5 \text{ A}$$
$$U_B = 42 \text{ V}$$

FORSCHUNGSBERICHTE
des Landes Nordrhein-Westfalen

Herausgegeben
im Auftrage des Ministerpräsidenten Heinz Kühn
vom Minister für Wissenschaft und Forschung Johannes Rau

Die »Forschungsberichte des Landes Nordrhein-Westfalen« sind in
zwölf Fachgruppen gegliedert:

Wirtschafts- und Sozialwissenschaften
Verkehr
Energie
Medizin/Biologie
Physik/Mathematik
Chemie
Elektrotechnik/Optik
Maschinenbau/Verfahrenstechnik
Hüttenwesen/Werkstoffkunde
Metallverarb. Industrie
Bau/Steine/Erden
Textilforschung

Die Neuerscheinungen in einer Fachgruppe können im Abonnement
zum ermäßigten Serienpreis bezogen werden. Sie verpflichten sich durch
das Abonnement einer Fachgruppe nicht zur Abnahme einer
bestimmten Anzahl Neuerscheinungen, da Sie jeweils unter Einhaltung
einer Frist von 4 Wochen kündigen können.

WESTDEUTSCHER VERLAG
5090 Leverkusen 3 · Postfach 300 620

GPSR Compliance
The European Union's (EU) General Product Safety Regulation (GPSR) is a set
of rules that requires consumer products to be safe and our obligations to
ensure this.

If you have any concerns about our products, you can contact us on

ProductSafety@springernature.com

In case Publisher is established outside the EU, the EU authorized
representative is:

Springer Nature Customer Service Center GmbH
Europaplatz 3
69115 Heidelberg, Germany